谨以此书献给我最热爱的故乡——北京，

亦献给每一立热爱北京城的大朋友和小朋友们！

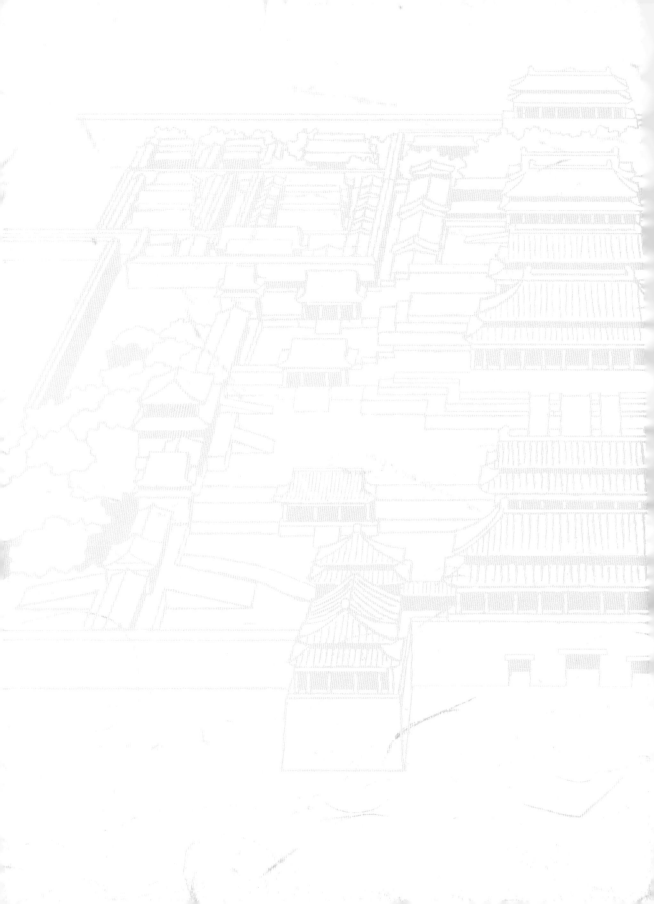

探秘四合院

1

四合悠悠历九朝

叶 木◎著

中国人民大学出版社
·北京·

图书在版编目（CIP）数据

探秘四合院. 1，四合悠悠历九朝 / 叶木著. -- 北
京：中国人民大学出版社，2022.3
ISBN 978-7-300-30280-5

Ⅰ. ①探… Ⅱ. ①叶… Ⅲ. ①北京四合院－介绍
Ⅳ. ①TU241.5

中国版本图书馆CIP数据核字（2022）第020798号

探秘四合院（1）—— 四合悠悠历九朝

叶　木　著

Tanmi Siheyuan (1)— Sihe Youyou Li Jiuchao

出版发行	中国人民大学出版社	
社　　址	北京中关村大街31号	**邮政编码**　100080
电　　话	010-62511242（总编室）	010-62511770（质管部）
	010-82501766（邮购部）	010-62514148（门市部）
	010-62515195（发行公司）	010-62515275（盗版举报）
网　　址	http://www.crup.com.cn	
经　　销	新华书店	
印　　刷	北京瑞禾彩色印刷有限公司	
规　　格	185mm×240mm　16开本	**版　　次**　2022年3月第1版
印　　张	17.75　插页　2	**印　　次**　2022年3月第1次印刷
字　　数	195 000	**定　　价**　128.00元（全5册）

我和我的小书

亲爱的读者，历时四年多，我的小书终于要和大家见面了。心里有些忐忑，想着大家是否喜欢她呢？但更多的是，想和大家说点什么，聊聊我的创作过程，说说我的兴趣爱好，谈谈我喜爱的四合院，还有书中那穿梭在四合院前世今生故事中的两只可爱的小狮子……好像说起来就停不下了。

想想，我还是不说了，还是让我的妈妈、爱人来聊一聊吧，希望您能从她们的叙述中来了解我和我可爱的小书的诞生过程！

妈妈说：

直到拿起笔都不知从哪儿说起，怎样说起。简简单单的生活，一切都顺其自然，到了结婚的年龄结了，然后有了这个小东西。从小到大会有那么多那么多的事情，有些事过眼云烟，而有些事则是刻骨铭心。

记得第一眼看到你是丑丑的模样，还睁一眼闭一眼。第一次见你笑出声让我欣喜若狂。第一次会站的样子让我记忆犹新。你拿笔在床单上画出车的形状时两岁多。再大一些，你自己画汽车，然后手工做出模

型。你总会带给我们惊喜，在幼儿园参加橡皮泥比赛获奖，被邀去电视台参加少儿节目录制。升中学当选班干部，组织同学为 2008 年北京奥运做宣传。在大学你创办社团、支教甘南、获国家奖学金、被保送研究生学习。不求最好，但求更好，你就是这样一个做事执着的人。

你可以把自己的业余时间用来了解一座城，用自己的双脚去丈量一座城。你走过这座城每条街巷、胡同，你拍照留存创建微博，把自己看到的、知道的有关这座城的历史文化通过网络展现给更多人。你深入学校把这座城的文化故事带到课堂讲给同学们听，你说只是想让学生们不仅喜欢这座城的现代时尚，更应了解自己生活的这个城市的独特文化历史底蕴，做这座城真正的主人。你是有多爱这座城，以至于这座城已建在你心里。你说过城市发展太快，不能让历史文化消失，只能将那些记忆落在笔墨间、图片里，让传统文化得以传承。

你是个闲不下来的人，你享受做更多的事。我相信你会被更多人理解，更多人会加入推动优秀传统文化发展的行列。愿你这股清流涓涓不息，延绵不绝。此时此刻，全国人民抗击新冠肺炎疫情到了关键时刻，愿我们一起努力，勇敢面对，共克时艰！中国加油！

爱人说：

从未想过有一天会给爱人出版的书写点东西。从2018年的灵感萌生到2022年的出版，我深深地体会到爱人为写好这套书有多么不容易。而这套书的创作过程也恰恰成为我与爱人相识十余年的缩影。

我的爱人是个土生土长的北京人，从小生活在皇城根下。由于机缘巧合，他迷上了文化研究。自大学开始，他不断翻看各类文化书籍，参加各种文化活动，探访各国文化古迹。研究生毕业后，爱人成为一名中小学文化课老师，担起了教书育人的责任。在这教书的四年间，他发现孩子们对传统文化知识充满了渴望与好奇，同时也意识到孩子们在接受中华优秀传统文化教育方面还存在一定的不足。随着国家对文化教育的不断重视，爱人决定从孩子们的视角为孩子们编写一套中华优秀传统文化主题的丛书，以帮助孩子们不断提升自己的传统文化素养。

在爱人设计本书主人公的形象时，由于其原型是四合院门墩上的石狮子，如何将其以卡通形式活泼可爱地展现出来成了一个大问题。为了寻找创作灵感，他开启了从北京到新疆三十几个小时的火车硬座旅程。一路上，爱人设计了很多形象。火车邻座一位七八岁的小姑娘十分喜欢爱人的卡通绘画风格，在她的选择与建议下，本书中的主人公形象就这样诞生

了。在四年多的创作过程中，爱人对卡通形象和故事场景进行了多次调整和修改，同时翻阅、查询大量古书文献和图片资料，并实地走访各地文化古迹、博物馆、名人故居，探访记录各条胡同、四合院，拍摄影像数万份。在陪伴爱人实地考察、调整内容、修改版式的过程中，我本人也丰富了个人文化内涵，增加了知识储备。希望大家在阅读此书的时候，可以通过书中精心设计的卡通造型、有趣的人物场景，以及奇妙的故事发展，领略完全不一样的北京四合院。

我的妈妈，我的爱人，聊了我，聊了小书的诞生，聊了那又萌又可爱的小狮子，还聊了四合院的趣事，您是否已经迫不及待想阅读书中的故事呢？

请翻页，畅快阅读吧！

祝集可爱与智慧于一身的您：

阅读愉快！

收获愉快！

您的朋友：叶木

2022年3月

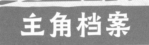

主角档案

男一号

姓名：赳赳

性别：男

原型：石狮子

年龄：保密

生日：庚午年三月初一

性格：威武雄健，精灵好动，贫嘴一枚，对一切

充满好奇，能变化成各种人物角色，经常会闹出笑话，惹出乱子，人称"机灵鬼赳赳"。

名字起源于《诗经·国风·周南·兔罝（jū）》：赳赳武夫，公侯干城。

女一号

姓名：娈娈

性别：女

原型：石狮子

年龄：保密

生日：己巳年十月初二

性格：妩媚可爱，聪明善良，狮子界里的学霸！熟知中华上下

五千年的历史，人称"万事通娈娈"。

名字起源于《诗经·小雅·甫田之什·车舝（xiá）》：间关车之舝兮，思娈季女逝兮。

使用秘籍

亲爱的小读者们，欢迎你们和赳赳、变变一起探索奇妙的北京城，一起解开隐藏在古老四合院里的千年未解之谜！

本书为互动百科类儿童读物，笔者建议各位小读者在家长的陪伴下阅读，并按照书中的提示完成相应的互动体验活动。

本书共分为两部分：漫画故事及四合知识。

在漫画故事部分，大家将在赳赳、变变两个小可爱的带领下，了解四合院的前世今生，领略四合院的独特风采，尤其是它们之间插科打诨、令人捧腹的趣味对白，相信会给你留下深刻的印象！

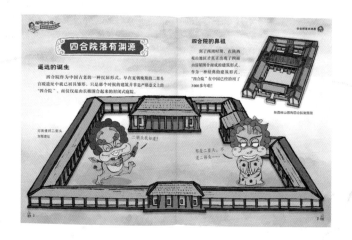

四合知识部分为本书正文部分，主要介绍与四合院有关的各类知识及故事，其中穿插有三个互动功能板块：渊鉴类函、梦溪笔谈、天工开物。

　　原为清代官修的大型类书，是古代的"数据库"。本书标记为"渊鉴类函"的内容为相关知识拓展，可以让小读者了解更多有趣的文化现象和知识。

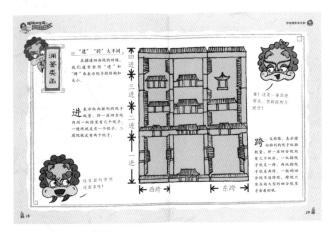

　　原为北宋科学家沈括编写的一部涉及古代中国自然科学、工艺技术及社会历史现象的综合性笔记体著作，被称为中国古代的"十万个为什么"。本书标记为"梦溪笔谈"的内容为趣味知识互动问答，需要小读者进行大胆探索和猜测。

原为明朝宋应星编著的世界上第一部关于农业和手工业生产的综合性著作，被誉为"中国17世纪的工艺百科全书"。本书标记为"天工开物"的内容为手工互动体验，需要小读者动手动脑完成相关制作或体验活动。

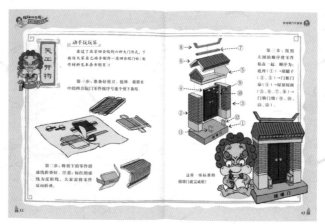

目 录

四合院落有渊源

遥远的诞生

　　四合院作为中国古老的一种民居形式，早在夏朝晚期的二里头宫殿遗址中就已初具雏形，只是那个时候的建筑并非是严格意义上的"四合院"，而仅仅是由长廊围合起来的封闭式庭院。

河南偃师二里头
宫殿遗址

二锅头我知道！

四合院的鼻祖

　　到了西周时期，在陕西岐山地区才真正出现了四面由房屋围合而成的建筑形式。作为一种经典的建筑形式，"四合院"在中国已经沿用了3 000多年啦！

陕西岐山西周四合院复原图

那是二里头，不是二锅头……

汉砖遇上四合院

秦汉时期，四合院继续发展。在四川成都近郊的一处东汉墓葬中，考古学家发现了一块雕有"四合院"图案的画像砖。

这块砖上清晰地刻画了一座"四合院"建筑：屋里院主人在悠闲地饮茶会友，屋外两只仙鹤翩翩起舞，悠然自得，看起来十分惬意。

快看快看，我之前收藏过的一张邮票上还有这个院子呐！

"时尚"的引领者

　　隋唐以后，四合院发展迅速，形式也变得更加丰富多样，很快就成为当时一种主流、时尚的建筑形式。在甘肃敦煌莫高窟的壁画中，有很多图案都是描绘隋唐五代四合院建筑和生活的。

这幅壁画是敦煌莫高窟第85窟内窟顶南坡《法华经变》壁画中的一部分。画中描绘的是一座晚唐时期的四合院建筑，前后分为两个院子。正门为二层阁楼式建筑，后院正中也建有一座二层阁楼，为院主人的住处。院子旁边还有一座马厩呢！

"工"字四合院

相比前几个朝代的四合院，宋代四合院有一个明显的特征，那就是在前堂和后室之间用一个廊子连接起来，形成一个"工"字形结构。这一特色建筑样式在宋代的著名画作《清明上河图》和《千里江山图》中都能找到。

哈哈，白圈里就有个"工"字房。

《清明上河图》（局部）北宋 张择端

《千里江山图》（局部）北宋 王希孟

这幅画就是北宋画家王希孟绘制的《千里江山图》（局部）啦！画中可以看见一处面积较大的山间住宅。正房为二层歇山式阁楼，旁边（白圈内）有一座"工"字形房屋。仔细看，屋内前堂的地板上还有两个人相对而坐呢。

北京最早的四合院

宋金以后，元代作为新的大一统王朝，将都城定在了北京，开始营建元大都。也就是从那时开始，北京四合院应运而生。现存最早的元代四合院遗址就在北京西直门内的后英房胡同里。

元代后英房四合院遗址

在这座遗址中，可以发现元朝四合院的主体建筑格局平面呈"工"字形，这种形式与宋朝的民居形式非常相似。可以说，元朝的四合院是对宋朝建筑样式的延续与继承。

但非常可惜的是，这座北京四合院的"鼻祖"如今已经消失了，大家再也无法一睹这座拥有700多年历史的元代四合院的风采了。

呜呜呜呜……
太可惜啦！

三朝皇帝话宅院

北京四合院从元朝开始，历经元明清三朝，发展至今已有700多年的历史了。那历朝历代的四合院都有什么样的变化呢？下面一起来听听三朝的皇帝们是怎么说的吧。

元朝：十二个篮球场大的四合院

元代北京城的四合院是按照"八亩一分"的规则建造的。百姓们建房都要按照这个标准建，不能大，也不能小，这样才能保证整个城市布局的规整。

忽必烈

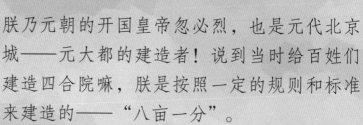

朕乃元朝的开国皇帝忽必烈，也是元代北京城——元大都的建造者！说到当时给百姓们建造四合院嘛，朕是按照一定的规则和标准来建造的——"八亩一分"。

　　那么八亩是多大呢？如果用现代的篮球场面积来做比较的话，差不多有12个篮球场那么大呐！当时建造的大都城，就是由成百上千个这样的"八亩"四合院组合而成的。而将这一座座四合院相互连接起来的就是大家最最熟悉的"胡同"。

明朝：四合院要分等级

明代四合院打破元代四合院占地八亩的限制，并且制定了宫室级、亲王级、官员级和百姓级四种等级。

大家好，朕乃明代
第三位皇帝朱棣。

朱棣

噗……

我滴妈……
真臭啊！

　　自打明朝迁都北京
以后，为了建设都城，
发展经济，朝廷从南方
引入了大量人口，这些
人中既有官员商贾①，
也有庶民②百姓。为了
解决大家的居住问题，
官府在北京城内兴建了
数千个四合院。根据不
同的阶层，还制定了不
同的建筑等级，四合院
的形制和规模就这样在
明朝慢慢确定下来了。

———————————

① 商贾（gǔ）：商人。
② 庶（shù）民：老百姓。

清朝：内城外城有分别

爱新觉罗·玄烨

　　清代四合院完全沿袭了明朝四合院的风格和等级制度，但是实行满汉分城制度，即满人住内城，汉人住外城。

　　内城居住的多为皇帝的亲戚臣子，四合院的等级和规模也就相对较高、较大，外城居住的多为汉族百姓，四合院的等级和规模一般较低、较小。大家现在在胡同里看到的四合院很多都是清朝遗留下来的。

朕乃清朝第四位皇帝、定都北京后的第二位皇帝——爱新觉罗·玄烨，康熙皇帝。

内城院门

外城院门

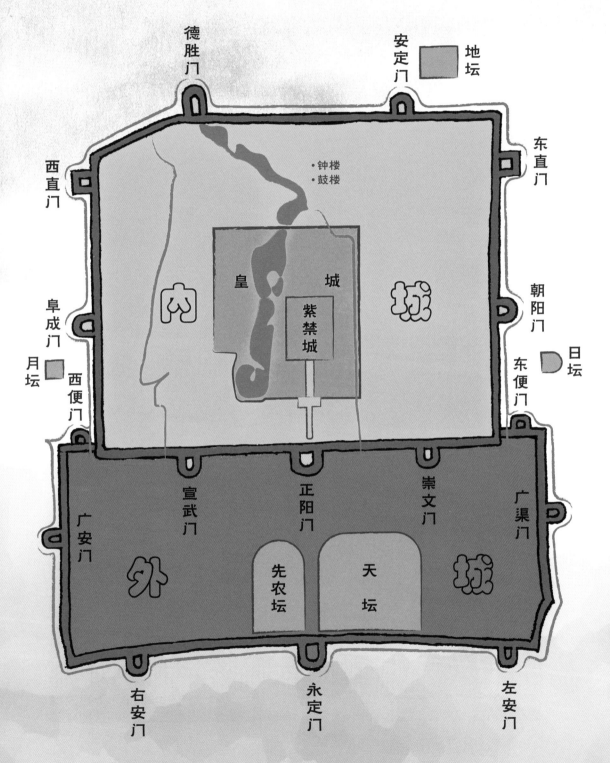

四合院形有分别

单进四合院

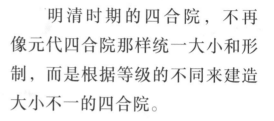

明清时期的四合院，不再像元代四合院那样统一大小和形制，而是根据等级的不同来建造大小不一的四合院。

两进四合院

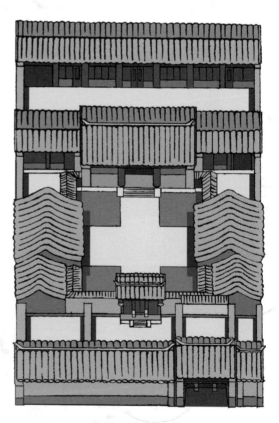

三进四合院

四合院按形状和大小可以分为"口"字形院（单进四合院）、"日"字形院（两进四合院）、"目"字形院（三进及以上四合院）以及"田"字形院（多进带跨院四合院）。

四进带跨院四合院

单进四合院：百姓院

　　单进四合院是四合院里形式最简单的一种，院落由正房、厢房、倒座房和院门构成，建筑结构和装饰都很简单、朴素。有些单进四合院甚至没有倒座房，而是用院墙替代，院门则采用最简单的随墙门。

作为帝都商铺的"打工仔"，我的家很小，只有一进院。

百姓

西厢房

倒座房

南边是我家的倒座房。我家的院门不大，开在院子的东南角。

院子北边是父母
居住的正房。

东西两侧是我和
哥哥姐姐们居住
的厢房。

父母住正房，我的孩子们住在正房两侧的耳房里。

西耳房

正房

东耳房

东厢房

西厢房

倒座房

这是我父母、兄弟姐妹和孩子们住的地方，我和兄弟姐妹们住在东西厢房。

两进四合院：商人院

两进四合院就是比较有代表性的北京四合院形式，很多名人故居都是两进四合院。院内功能分区明确，但又不会很奢侈。一进院为外院，多用作迎宾纳客；二进院为内院，为主人起居生活之所。

我是北京"狮子居"酒馆的掌柜，我家是座两进四合院。

商人

院子第一进主要用来会客，我家佣人也住在这里，平时会帮我打扫打扫院子，收拾收拾屋子。

三进四合院：官员院

　　四合院里基本结构最齐全的一种，多为人口较多的大户人家或有一定身份的官员居住使用，内外有别、男女有别，建筑的规制和居住的规矩也有诸多要求。

　　进入正院，北侧正房是父母休息的地方。东西厢房是兄弟姐妹以及亲戚朋友休息的地方，我那俩儿子住在正房两边的耳房里，正院里各房之间都有抄手游廊相连，既能方便雨雪天时行走，又增加了生活情趣。

　　一进院南侧的倒座房既是佣人居住的地方，也是我儿子上私塾①的教室。

西耳房

正房

西厢房

抄手游廊

正院

正房

倒座房

———————————
①私塾（shú）：旧时私人开办的学校。

24

绕过东耳房，就来到了院子的第三进，这里是后罩房，我的两个小妹和两个闺女住在这里。怎么样，我家还是很大很气派的吧？

本狮任职户部郎中已三年有余，蒙皇上恩赐，我家是座三进的大院子！

官员

四进四合院：大臣院

四进四合院（带花园）是四合院中等级最高、形式最复杂的一种，王公大臣的宅邸多为此种形式。

一进院是佣人居住的倒座房和堆放杂物的仓库。过了垂花门，是我家第二进院子，这里用来日常会客、谈事。一些亲朋好友来我家留宿，也会住在这里。

三进院是我家的正院，正中是父母居住的正房，东西厢房是我的两个兄弟居住的地方。四进院是我家的后罩房，家里的女孩子们都住在这里。

东边的跨院是我家的花园，家人平时会来这里散步休息。花园里有假山、亭台、书房。工作之余，我会来此读书、写字、画画。

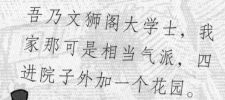

吾乃文狮阁大学士，我家那可是相当气派，四进院子外加一个花园。

大臣

渊鉴类函

"进""跨"大不同

在描述四合院的时候，我们通常会用"进"和"跨"来表示院子的结构和大小。

进 表示纵向排列的院子数量，即一座四合院内同一纵排里有几个院子，一进院就是有一个院子，二进院就是有两个院子。

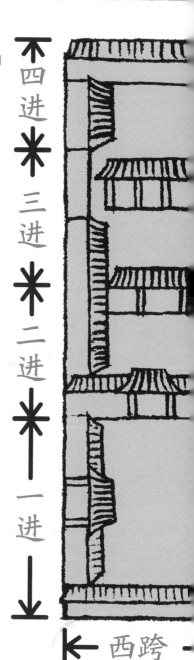

四进

三进

二进

一进

西跨

这里面的学问还真多呀！

看！这是一座四进带东、西跨院的大院子！

← 东跨 →

跨，又称路，表示横向排列的院子纵排数量，即一座四合院内有几个纵排，一纵排院子就是一跨，两纵排院子就是两跨。一般的四合院不设跨院，跨院只有在超大型的四合院里才会看到哦。

四合院落变形记

当你现在走进北京的四合院时，会发现大部分院子的结构和赳赳、耍耍介绍过的不太一样。

谁还能看出这是同一座院子啊？

就像照片中展示的那样：院子里有很多红砖水泥房屋，而非青砖灰瓦；正房厢房、里院外院也混在一起，分辨不出。那么这种混杂的四合杂院是如何形成的呢？四合院怎么就变成大杂院了呢？

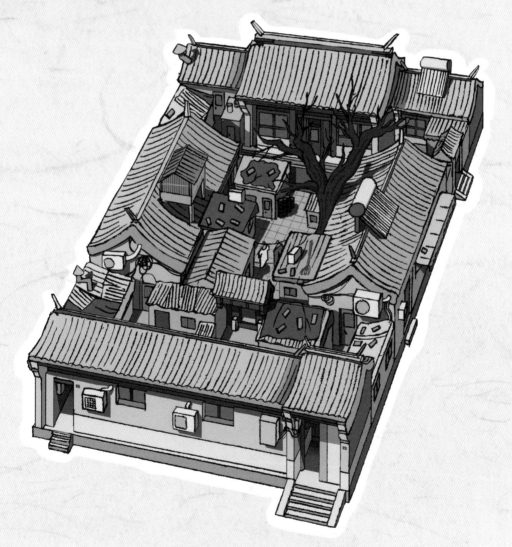

清末民初 卖宅为生

说到四合院变大杂院，就不得不从清末民初说起。那个时候，正值辛亥革命，社会动荡，局势混乱。清朝的旧官僚贵族由于清朝的灭亡而走向没落。

什么？！

王爷，不好啦，隆裕皇后签了退位诏书，咱们大清亡啦！

我出一万两买你这个房子，怎么样，够诚意吧？

少了两万两，不卖！

失去了朝廷俸禄的王公贵族被迫将自己府宅的一部分出租、典押，甚至卖掉，以换取足够的银两用于维持正常的生活开销。

民国时期 多户合租

　　随着政局持续混乱，战争不断，百姓的日子过得越来越艰难。很多普通人也开始出租或出售自家的院子以维持生计。

　　到了民国后期，物价飞涨，民不聊生，人们没有足够的钱去租住整套四合院，只得改租院内的几间房。你租三间，他租五间，四合院内的租户变得越来越多，居住条件也就变得越来越差。就这样，原本完整的四合院渐渐变为几户共居的大杂院。

哎，是啊，少租几间，省下的钱还能给孩子们多买点吃的。

当家的，咱家最近经济有点紧张，租大房子有点困难了，咱考虑考虑少租几间吧。

娘，我想吃糖！

五十年代 私转公产

二十世纪五十年代，由于所有制发生变化，很多遗留的王府、宅院从私产变成了公产。国家机关单位在购买了这些四合院后，把其中一部分用作办公、生产、经营的场所，另一部分则用作机关干部及工作人员的住宅。自此，老四合院内的结构、功能和居住人员变得越来越复杂。

孙子，这就是咱们家曾经的祖宅啊！

爷爷，这不是新华书店吗？

没错。原来这里是咱们祖上的宅子，后来卖了出去。现在这里变成新华书店员工们的宿舍了。

七十年代 扩改增建

到了二十世纪七十年代，北京人口激增，住房需求越来越大。为解决住房难问题，政府提出了"接、推、扩"的解决方案，即对四合院"接长一点，推出一点，扩大一点"，让百姓在适当的扩建范围内改善居住条件。

盖个小房，让孩子能有个睡觉的地方。

然而，1976年发生的唐山大地震打破了这种扩建。为了预防地震，家家户户开始在四合院的空地上修盖地震棚。这样一来，原本宽敞的院子空地变成了通往各家门口的狭窄通道。四合院内不仅户数变多了，房子也变多了，房屋密度变得越来越大，变成了名副其实的"大""杂"院。

大杂院百科

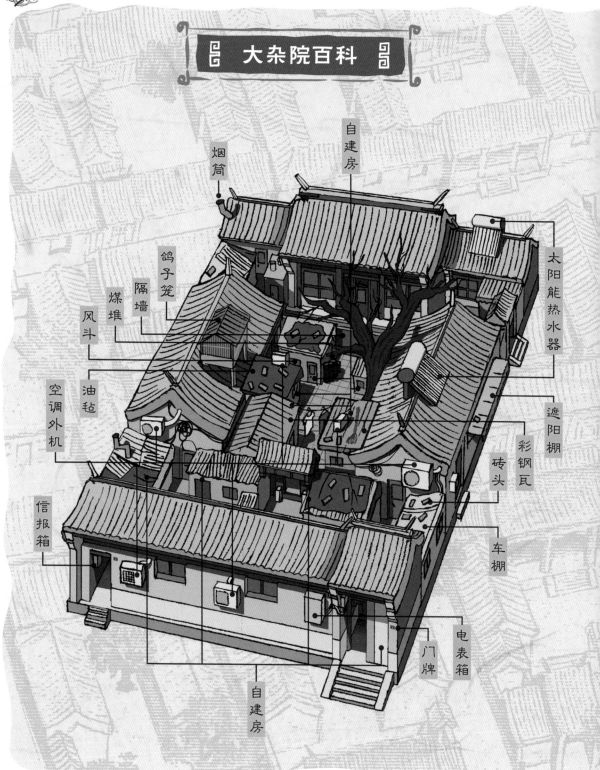

烟筒

自建房

鸽子笼

隔墙

煤堆

风斗

空调外机

油毡

信报箱

太阳能热水器

遮阳棚

彩钢瓦

砖头

车棚

自建房

门牌

电表箱

四合院的现状

令人高兴的是，如今在有关部门的努力下，很多老旧院落里的自建房都被拆除清理掉了，四合院又恢复了往日的风貌，规整的院落格局、精美的雕梁画栋再次展现在人们面前。

这些修整好的四合院，有的变成了图书馆，有的变成了博物馆，古老的四合院又焕发出新的活力。

这就是四合院变大杂院的历史过程，大家记住了吗？